EL PRINCIPIO DE LOS

chimpancés BEBÉS

MEG GREVE

CREATIVE EDUCATION • CREATIVE PAPERBACKS

CONT

ENIDO

SOY UNA CRÍA DE CHIMPANCÉ.

Soy un chimpancé bebé.

¡Mira qué brazos tan largos! Me ayudan a trepar.

Cuando nací, pesaba cuatro libras (2 kg).

Me aferro a mi mamá. Bebo su leche. Dormimos en un nido en lo alto de los árboles.

Yo vivo en un grupo con otros chimpancés.

Nos peleamos y jugamos.

Encontramos comida en el bosque.

Mi cara
se pone má
oscura a
medida que
crezco.

Camino a los seis meses. A los cinco años, duermo solo.

Me quedaré cerca de mi mamá hasta los 10 años.

HABLA Y ESCUCHA

¡AAJ-AAJ!

¿Puedes hablar como un chimpancé? Las chimpancés bebés gritan y ululan.

Escucha estos sonidos:

https://www.youtube.com/watch?v=x7zkRHmA4oQ

¡Ahora es tu turno!

PALABRAS RELACIONADAS CON LOS CHIMPANCÉS

aferrarse: agarrarse

chimpa: una forma abreviada de decir *chimpancés*

nido: un lugar acogedor para descansar

pelear: fingir una pelea

ÍNDICE ALFABÉTICO

PUBLICADO POR CREATIVE EDUCATION Y CREATIVE PAPERBACKS
P.O. Box 227, Mankato, Minnesota 56002
Creative Education y Creative Paperbacks son sellos editoriales de The Creative Company
www.thecreativecompany.us

LIBRARY OF CONGRESS CATALOGING-IN-PUBLICATION DATA
Names: Greve, Meg, author.
Title: Chimpancés bebés / Meg Greve.
Other titles: Baby chimpanzees. Spanish
Description: Mankato, Minnesota : Creative Education and Creative Paperbacks, [2025] | Series: El principio de los | Includes index. | Audience: Ages 4-7 | Audience: Grades K-1 | Summary: "Introduce beginning readers to the treetop world of baby chimpanzees with this life science starter, in North American Spanish. Includes photos, a labeled animal diagram, "Make a Noise" section, and glossary"-- Provided by publisher.
Identifiers: LCCN 2024019444 (print) | LCCN 2024019445 (ebook) | ISBN 9781640264755 (library binding) | ISBN 9781682770139 (paperback) | ISBN 9781640005938 (ebook)
Subjects: LCSH: Chimpanzees--Juvenile literature. | Chimpanzees--Infancy--Juvenile literature.
Classification: LCC QL737.P94 G7418 2025 (print) | LCC QL737.P94 (ebook) | DDC 599.88513/92--dc23/eng/20240510

DISEÑO Y PRODUCCIÓN
Diseño por Rhea Magaro
Producción de Beeline Media and Design, Inc.
Dirección artística de Tom Morgan

FOTOGRAFÍAS de Alamy Stock Photo/dpa, 6, Fiona Rogers, 8, Martin Harvey, 4; Freep!k/gudkov, cover; Dreamstime/Patrick Rolands, 7; Shutterstock/AJancso, 14, Bohbeh, 13, Eric Isselee, 11, 12, Jane Rix, 9, Mario Plechaty Photograph, 2, Patrick Rolands, 5, 10

Impreso en China